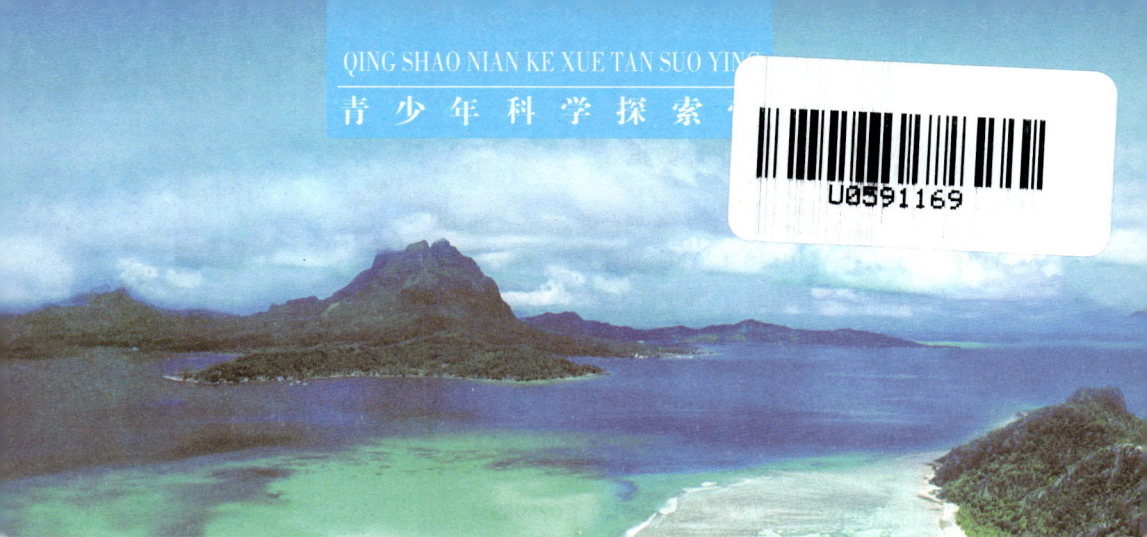

基础科学百科

张恩台 编著　丛书主编 郭艳红

海洋：深入大海看到底

汕头大学出版社

图书在版编目（CIP）数据

海洋：深入大海看到底 / 张恩台编著. -- 汕头：
汕头大学出版社，2015.3（2020.1重印）
（青少年科学探索营 / 郭艳红主编）
ISBN 978-7-5658-1634-5

Ⅰ．①海⋯ Ⅱ．①张⋯ Ⅲ．①海洋－青少年读物
Ⅳ．①P7-49

中国版本图书馆CIP数据核字 (2015) 第025969号

海洋：深入大海看到底　　　　　　HAIYANG：SHENRU DAHAI KANDAODI

编　　著：张恩台
丛书主编：郭艳红
责任编辑：汪艳蕾
封面设计：大华文苑
责任技编：黄东生
出版发行：汕头大学出版社
　　　　　广东省汕头市大学路243号汕头大学校园内　邮政编码：515063
电　　话：0754-82904613
印　　刷：三河市燕春印务有限公司
开　　本：700mm×1000mm　1/16
印　　张：7
字　　数：50千字
版　　次：2015年3月第1版
印　　次：2020年1月第2次印刷
定　　价：29.80元
ISBN 978-7-5658-1634-5

前　言

　　科学探索是认识世界的天梯，具有巨大的前进力量。随着科学的萌芽，迎来了人类文明的曙光。随着科学技术的发展，推动了人类社会的进步。随着知识的积累，人类利用自然、改造自然的的能力越来越强，科学越来越广泛而深入地渗透到人们的工作、生产、生活和思维等方面，科学技术成为人类文明程度的主要标志，科学的光芒照耀着我们前进的方向。

　　因此，我们只有通过科学探索，在未知的及已知的领域重新发现，才能创造崭新的天地，才能不断推进人类文明向前发展，才能从必然王国走向自由王国。

　　但是，我们生存世界的奥秘，几乎是无穷无尽，从太空到地球，从宇宙到海洋，真是无奇不有，怪事迭起，奥妙无穷，神秘莫测，许许多多的难解之谜简直不可思议，使我们对自己的生命现象和生存环境捉摸不透。破解这些谜团，有助于我们人类社会向更高层次不断迈进。

　　其实，宇宙世界的丰富多彩与无限魅力就在于那许许多多的难解之谜，使我们不得不密切关注和发出疑问。我们总是不断地去认识它、探索它。虽然今天科学技术的发展日新月异，达到了很高程度，但对于那些奥秘还是难以圆满解答。尽管经过古今中外许许多多科学先驱不断奋斗，一个个奥秘被不断解开，推进了科学技术大发展，但随之又发现了许多新的奥秘，又不得不向新问题发起挑战。

宇宙世界是无限的，科学探索也是无限的，我们只有不断拓展更加广阔的生存空间，破解更多的奥秘现象，才能使之造福于我们人类，我们人类社会才能不断获得发展。

为了普及科学知识，激励广大青少年认识和探索宇宙世界的无穷奥妙，根据中外最新研究成果，编辑了这套《青少年科学探索营》，主要包括基础科学、奥秘世界、未解之谜、神奇探索、科学发现等内容，具有很强系统性、科学性、可读性和新奇性。

本套作品知识全面、内容精炼、图文并茂，形象生动，能够培养我们的科学兴趣和爱好，达到普及科学知识的目的，具有很强的可读性、启发性和知识性，是我们广大青少年读者了解科技、增长知识、开阔视野、提高素质、激发探索和启迪智慧的良好科普读物。

目　录

海雾的形成

事件记载

海雾是在海洋的直接影响下形成的。1956年7月25日夜晚，一艘灯火辉煌的瑞典客轮"斯德哥尔摩号"在雾海上夜航，它用雷达搜索着前方的海面。它的航速很快，因此启航后不久就把纽约远远地抛在后面。

在"斯德哥尔摩号"的前方航线上，另一艘意大利客轮"多利亚号"已越过大西洋，在先进的雷达的搜索指引下，正向纽约港靠近。

夜晚22时30分，"多利亚号"从纳达克特岛附近经过，以每小时23海里的航速西行。晚上23时30分，"多利亚号"已航行到灯塔以西46300米处，由于快要到纽约了，乘客们沉浸在一片欢乐的气氛中。突然，一声巨响和震动之后，只见"斯德哥尔摩号"的船头挺进了"多利亚号"的右舷中部。船上顿时引起了一阵骚动，人们惊慌失措。

当时，"多利亚号"的航速是每小时23海里，"斯德哥尔摩号"的航速是每小时18.5海里，两艘船的相对速度在每小时40海里以上，所以碰撞得十分严重。

尤其是"多利亚号"航船受创严重，危急时刻，船长命令电报员发出呼救信号。航行在附近海区的两艘法国船听到呼救信号后急忙赶往现场，把1654名遇难者救上船，另外还有52人在碰撞中死亡和失踪。碰撞11小时后，意大利客轮"多利亚号"的巨大身躯终于消失在大西洋的滚滚波涛中。

虽然两艘船都装有先进的雷达，但由于船在靠近陆地水域航

行时，雷达电波会受到陆地及岛屿阴影的干扰，不能及时发现被自己的桅杆死角遮住的目标物。加上受到陆地上无线电发射天线的干扰，雷达的作用大为降低，才酿成了船毁人亡的惨痛悲剧。

简要叙述

海上航行常因海雾而受阻，甚至造成海难。第二次世界大战期间及之后，人们曾对海雾进行了专题调查。

分析研究与其生消过程有关的天气形势、空气层结及其物理性质和化学性质，为探索海雾预报奠定了一定的基础。依据成因不同，可把海雾分成平流雾、混合雾、辐射雾和地形雾4种。

世界海域的海雾

首先，全球各海区的海雾类型虽然很多，但其中范围大、影响严重的首推平流冷却雾。而以中高纬度大西洋的纽芬兰岛为中

心，和以北太平洋千岛群岛为中心的两个带状雾区最为显著，以南印度洋爱德华王子群岛为中心的带状雾区也很突出。

其次，便是大洋东岸低纬度信风带上游的雾：如太平洋东岸的加利福尼亚外海和秘鲁外海，大西洋东岸的加纳利群岛以南的海域和纳米比亚外海都是这类雾区。这些海域的海雾多在春夏盛行，尤以夏季为最。其特点是雾浓，持续时间长，严重的大雾可持续一个月至两个月。

平流蒸发雾多见于冷季的副极地，或冰山和流冰的外缘水域，雾层薄，形似炊烟。但当它在春秋季节与平流冷却雾在中、高纬度海域交替出现时，也常构成大片浓雾区。至于散布在世界各海域的零星雾区，大多有地区性，难成体系，并且不一定属于同一雾型。

平流雾

当暖空气从温暖的水面流向冰水面时，暖空气就会冷却降温，凝结出水汽，继而以液体水滴的形式悬浮在空中。这种大大小小的水滴越聚越多，便形成了雾，直接影响了空气的透明度。

由于这种雾主要是靠暖空气在冷海面上的平流运动形成的，所以叫作平流雾。在海洋上的雾绝大多数都是平流雾。这种雾随风飘移，分布范围广，持续时间长，浓度大，常常会给行船带来灾难。

蒸汽雾

当冷空气到达暖水面时，由于海水温度高于气温，海面上的

水汽压力大于空气水汽压力，造成水面的海水强烈蒸发，水汽进入了冷空气中。

当冷空气中的水汽达到饱和状态时，水汽就凝结出小水滴，越来越多的小水滴聚集漂浮在低空，便形成了蒸汽雾，蒸汽雾使能见度降低。

延　伸　阅　读

混合雾：海洋上空的降雨降至低空时，因低层温度增高而使雨滴蒸发，提高了低层空气的温度。同时，又有冷空气流入，与低层暖湿空气混合，使暖湿空气饱和，从而形成了混合雾。混合雾的水汽主要来源于天空降雨。

海水开花的奥秘

　　在植物王国中，有一些植物是开花的，如茉莉、百合、菊花等，每年的春夏季节，就会开出五颜六色的花朵。不过令人意想不到的是，海水也能够开出美丽的花朵！

　　航行在大洋上的人们，常常可以看到一种非常奇异的景象。在大洋浅海区，海水有时绿一块、黄一块、红一块，错杂在一起，形成一幅美丽的彩色图案，这就是所说的海水开"花"了。

那么，海水开"花"是怎么一回事呢？

经过多年的观察研究，人们终于把"海水开花"的真相弄清楚了。原来，这些水里大量繁殖着各种浮游藻类植物。

不同种类的浮游藻类植物含有不同的色素，随着季节的交替，颜色也随之不断地变换，浮游生物很多时，有的会把海水"染"成深绿色，有的会把海水"染"成黄色、褐色、红色等，海水也就因此开放出不同的"花朵"。

浮游藻类是海洋植物的重要成分之一，遍布各大洋近海区的表层海水中。

在几百种浮游藻类中，大多数浮游藻类喜欢生活在热带和温带海水里，所以热带海面上经常可以看到"海水开花"的奇景。而在温带和寒带海面上以及远离海岸的深水区，"海水开花"的现象就少得多了。

海水开花现象在世界各大洋及其边缘海中也是各不相同的。

在极地附近的海域里，当鲸鱼爱吃的甲壳动物大量繁殖的时候，常常把海水染成红色或玫瑰色。

在太平洋、大西洋一些海面上，以及北冰洋的巴伦支海中，散布着一种硅质类海藻，具有矽质骨架，海水开花就是由它们造成的。

在鄂霍次克海和日本海，海水开花是由单细胞藻类繁殖而形成的。

波罗的海的夏季，蓝绿色的水草大量繁殖，每当风平浪静的时候，远望海面，仿佛一大片无边无际的深绿色草原。

在北冰洋的冰面上，还有更有趣的"冰上开花"景象。原来，冰上长着多种硅藻，特别是角刺藻大量繁殖时，使冰面变成了黄褐色。

　　海水开花同季节有关。在热带，冬季也会出现，而在温带和寒带，大多在春秋两季出现。海水开花严重的时候，生物体密集，使轮船的吸水孔堵塞，给航行带来很大困难。

延　伸　阅　读

　　浮游生物是指生活在海洋、湖泊及河川等水域的的生物。它们自身没有移动能力，或者有也非常弱，不能逆水流而动，总是浮在水面生活。这是根据其生活方式的类型而划定的一种生态群，而不是生物种的划分概念。

海冰的形成

　　天冷的时候，湖面上散热比较快，湖面的水遇冷收缩，体积变小，变得比较重，这些冷的水沉到湖底，湖底比较暖和的水浮到湖面上来，这样不断对流，就会使本来上面冷下面热的水，很快变成上下温度相同的水。

　　等到湖里的水都达到4℃时，随着天气越来越冷，水开始冷胀热缩。因水在4℃时密度最大，当温度达到3℃时，这时的冷

水就开始膨胀变轻，所以湖面上这层冷水不会沉下去，而是留在最上面。

等湖面上的水到了0℃时，就开始结冰，当然是先从表面上开始结一层薄薄的冰，等温度再下降时，冰层会变得更厚，因冰的密度比水小，所以始终浮在水面上，冰下的水还能保持4℃的温度。

幸亏水的这一特性，水里的生物才能存活下来。如果水始终保持热胀冷缩，冬天就会从湖底开始向上结冰，鱼类会被全部冻在湖里，并且到了春天，这些冰融化起来也更加困难。

海洋里有大量的海冰存在，那它们又是怎么形成的呢？由于海水表面的气温下降，表层海水的温度首先达到密度最大温度，致使表面海水下沉，形成对流。

当气温下降到冰点附近时，表面的海水不会往下沉，而下面的海水密度增大，导致表层海水直接结冰。

　　盐度若是再增大到一定程度，那么，海面气温下降时首先接近结冰点，这时表层海水由于降温的时候密度变大，所以下沉，而较为温暖的海水上升，形成对流，一直至海水结冰为止。这样的海水结冰过程较为缓慢。

　　在海上，表层海水因冷却而密度增大，海水内形成对流混合。海水继续冷却至冰点时，海面以及对流混合所及的深层海水内便有针状、薄片状的冰晶析出，它们集聚到海面，连同降雪产生的雪晶，便形成暗灰色的糊状冰。

　　在波动的海面上，糊状冰遇冷形成饼状冰；在海面平静的情况下便形成灰色玻璃状冰层，继而发展成为片冰和厚冰。海冰在

海区波浪、海流、潮汐等的影响下可以发展成各种形状和大小的浮冰块、流冰以及各种形式的压力冰。

掌握和运用海冰发生、发展的规律，开展冰情预报工作，是海洋科学为国民经济和国防建设服务的一个重要方面。

延 伸 阅 读

在地球最近的地质时期，即第四纪开始以后，地球上的气候逐渐进入了一个相对来说比较寒冷的时期，最冷的时候，大冰层最厚的地方超过2000米至3000米。据估计，冰川面积最大的时候，整个世界大陆有30%的面积被冰川掩盖。

洋流的功劳与过失

　　洋流又称海流，海洋中除了由引潮力引起的潮汐运动外，海水还沿着一定的途径大规模流动。

　　洋流对气候的影响很大，它不仅使沿途气温增高或降低，延长或缩短暖季或寒季的持续时间，而且能够影响降水量的多少和季节的分配。

　　在寒、暖流交汇的海区，海水受到扰动，可把下层丰富的营养盐类带到表层，使浮游生物大量繁殖，各种鱼类到此觅食。同

时，两种洋流汇合可以形成"潮峰"，是鱼类游动的障壁，鱼群集中，形成渔场。在有明显上升流的海域，也能形成渔场。

洋流的散播作用，是对海洋最直接和最重要的影响，它能散布生物的孢子、卵、幼体和许多成长了的个体，从而影响海洋生物的地理分布。

一般顺着洋流航行的海轮，要比逆着洋流行进的海轮速度快。例如，1492年，哥伦布第一次横渡大西洋到美洲，用了37天才到达大洋彼岸。

1493年，哥伦布再次做环球旅行，从欧洲出发后，他先向南航行了10个纬度，然后再向西横渡大西洋。结果，只用了20天就完成了横渡的全部航程，其实是洋流帮了他的大忙。

原来，第一次航行时，哥伦布的船队是从加那利群岛出发，逆着北大西洋暖流航行的，所以航速较慢。

第二次航行时，船队先是顺着加那利寒流向南航行，然后又

顺着北赤道洋流一直向西。同时，哥伦布船队远航时，正好偶然进入了盛行的东北信风带，顺水顺风，速度自然比较快。

北大西洋西北部，从加拿大北极群岛与格陵兰岛附近海域，南下汇聚成的拉布拉多寒流，在纽芬兰岛东南海域同墨西哥湾暖流相遇。冷暖海水交汇，使这里经常存在一条茫茫的海雾带。它每年还从北冰洋或格陵兰海带来数百座高大的冰山，冰山漂浮而下，有许多进入湾流或北大西洋暖流中，给海上航行带来严重的威胁。

陆地上许多污染物随着地表流入大海，洋流可以把污染物携带到更加广阔的海洋之中，从而扩大海洋污染的范围，以致造成更大的灾害。

洋流循着一定的路线周而复始地运动着，其规模比起陆地上

　　的巨江大川则要大出成千上万倍。海水流动可以推动涡轮机发电，为人们输送绿色能源。美国墨西哥湾流受到风力、地球自转和朝向北极前进的热量驱使，带来的能量等同于美国发电能力的2000倍。若能利用这股强大的洋流驱动涡轮发电机，就足以产生相当于10座核能发电厂的电能。

延 伸 阅 读

　　人们认识和掌握了洋流的特点，可以把洋流运行的规律应用到航运上，从而节约航运时间，缩短运转周期，节约燃料和减少海上事故。潜艇还可以利用表层和深层洋流潜航。

最大的海洋暖流

　　墨西哥湾暖流，简称湾流，是世界上第一大海洋暖流，也是大西洋上重要的洋流，由海平面风和海水密度差异驱动形成。

　　墨西哥暖流虽然有一部分来自墨西哥湾，但它的绝大部分来自加勒比海。

　　当南、北赤道流在大西洋西部汇合之后，便进入加勒比海，通过尤卡坦海峡。其中很少一部分进入墨西哥湾，再沿墨西哥湾海岸流动，海流的绝大部分是急转向东流去，从美国佛罗里达海

峡进入大西洋。

这支进入大西洋的湾流起先向北，然后很快向东北方向流去，横跨大西洋，流向西北欧的外海，一直流进寒冷的北冰洋。它的厚度为200米至500米，流速每秒2.05米，输送水量是黑潮的1.5倍。

墨西哥暖流蕴含着巨大的热量，它所散发的热量，恐怕比全世界一年所用燃煤产生的热量还要多。由于它的到来，英吉利海峡两岸的土地每年享受着湾流带来的巨大热能。如果拿同纬度的加拿大东岸加以对照，差别更为明显：大西洋彼岸的加拿大东部地区，年平均气温可低至-10℃，而同纬度的西北欧地区可高至10℃。

墨西哥暖流与黑潮相比，无论在水量、热量和盐量输送等方

面，都大于黑潮。此外，就对于邻近大陆气候的影响来说，湾流也比黑潮来得显著。

据估计，墨西哥暖流每年向西北欧每千米海岸输送的热量，约相当于燃烧6000万吨煤炭所放出的热量。

事实上，在墨西哥暖流及其延续体，北大西洋暖流流经的海区，气温和水汽含量均较周围海区高得多。暖湿空气在强劲的西风吹送下，可以到达西北欧大陆内部，这对形成西北欧暖湿的海洋性气候有重要的作用。

因此，西北欧大陆上生长着苍翠的混交林和针叶林，而在同纬度的格陵兰岛上，则大部分是终年严寒并为巨厚冰层覆盖的冰原区。

墨西哥暖流弯曲的形成、断开，以及涡旋与主流的相互作

用，是一种复杂的海洋动力学过程。有关这类现象的研究，已成为当前海洋动力学研究中最活跃的课题之一。

关于墨西哥暖流弯曲和涡旋的研究，不仅具有深刻的理论意义，而且对于海况监测和预报，以及渔业和沿岸水的污染物排放等实践问题，也有重要的意义。

延 伸 阅 读

秘鲁寒流从南纬45度左右的西风流开始，经智利、秘鲁、厄瓜多尔等国沿海北上，直达赤道海域的加拉帕戈斯群岛附近，流程长达4500多千米，是世界大洋中行程最长的一支寒流。

海面不平的原因

　　在日常生活中，我们习惯于以海平面为准来测量海平面以上的陆上物体的高度。但其实，海平面并不平。

　　我们知道，海底的地形是十分复杂的，它不仅分布有巍峨的海底山脉、平缓的海底平原，而且还有许多陡峭的海底深沟。由于受海底地形的影响，一个海区的海面会低于或高于另一个海区几米，甚至10多米。

据科学家们使用雷达高度计测量，发现在大西洋海面不同海域存在着高度差，甚至在美国南卡罗里州和波多黎各岛之间比较小的海域内，也存在着高度差。

一般来说，海底是一座山脉的地区，海面就比其他海域高一些；而海底是一个盆地的地区，海面就比其他海域要低一些。

全球海洋的海面，有三个较大的隆起区：分别位于澳大利亚东北的太平洋、北大西洋和非洲东南的印度洋。

在巴西东部，由于海下有一座3500米的海岭，所以这里的海面就比其他地区要高。

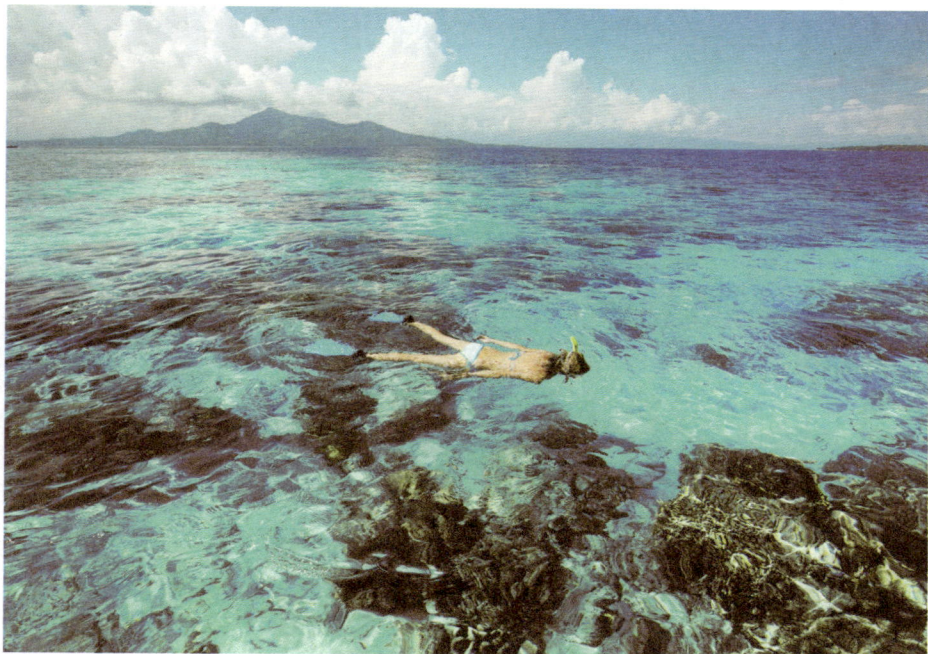

此外，卫星探测还发现有三个较大的海面凹陷区：其中凹陷最深的是印度半岛以南的印度洋，其次是加勒比海，再者是大西洋海域的，波多黎各海。

为什么海平面不是平的呢？

大家知道，地球的表面是凹凸不平的，地球地心引力也是各不一样的。假如我们称量一个物体的质量，在不一样的地点称量会得到不一样的质量，在低纬度称比在高纬度称要轻一些。

同样道理，海洋底部的引力也是不一样的。斯里兰卡附近海域的海底地壳厚，所含物质较多，它的引力比较大，吸引海水就会多一点，使洋面比其他海面高出一个"水峰"。

而在冰岛附近，其海面地壳就相对薄一些，引力自然也就小了很多，吸引海水的量就会变得非常的小，于是形成了一个比四

周大洋水面低的"水谷"。

海洋的涨潮、落潮、风暴和气压高低等因素，对海面也有很大的影响，使得海面平静不下来，从而产生海面的高低变化。

延 伸 阅 读

有时海面的高低还与附近的巨大的山脉或山脉所组成的物质的积聚有关。这种物质的积聚，可以使其表面引力弯曲，从而形成一种动力，驱使水离开一个地区而流向另一个地区。

海底地震和火山

遭遇海底地震事件

海底地震是地下岩石突然断裂而发生的急剧运动。岩石圈板块沿边界的相对运动和相互作用是导致海底地震的主要原因，海底地震是对在海上航行的人们的又一大威胁。

1958年7月9日晚，美国阿拉斯加东南的里都亚港发生了一次地震。地震所引发的潮水所到之处淹没山坡，冲毁树林。潮水过

后，只留下一片光石秃岭。

1959年春，前苏联客货轮"库鲁"号在堪察加沿海海域航行，突然受到震动，好像有只大铁锤不停地敲打船底，每打一次，船身就剧烈地抖动一下，船上的舵轮、雷达全部失灵。海面上腾起无数水柱，周围一片白色的泡沫。 1964年3月21日，美国阿拉斯加地震发生时，前苏联"坚定"号救护船正在距安克雷奇市463千米的公海上。它在5分钟之内竟受到三次剧烈震动，就好像全速前进的船只猛地撞上了礁石一般。

海底地震的危害

在海底地震中，船只损失的程度取决于地震的强度，也取决于船只与震中之间的距离。

科学家认为，由海底传递到海面的地下震动在震源地区感觉最明显，5级至6级的地震便可以毁坏船体，掀掉锅炉和发动机。

对停留在港内的船只来说，最危险的则是海底地震造成的海啸。地壳急骤升降，迫使几千米长的水柱发生运动，在海水上层

形成巨大而迅猛的波浪，当波浪涌进浅水海域时，浪头骤然增高，速度放慢，像一面墙一样倾倒在岸上。

遭遇海底火山事件

所谓海底火山，就是形成于浅海和大洋底部的各种火山，包括死火山和活火山。地球上的火山活动主要集中在板块边界处，而海底火山大多分布于大洋中脊与大洋边缘的岛弧处。板块内部有时也有一些火山活动，但数量非常少。海底火山爆发也常常给海上船只带来惨重的灾难。

1952年9月23日，在日本东京南416.7千米的一座礁石附近，火山爆发。首先来到这里的一艘日本海上防卫厅的考察船发现海面上出现了一个新岛，海拔30米，直径150米。几天之后，小岛却消失了，但火山口还在继续喷射，火山熔岩流入海里，蒸气变成云彩升上天空。这时，东京渔业研究所的一艘水文考察船又驶近火山爆发区，正当船上人员开始摄影、测定火山威力、选取当地水土样品时，第二次火山爆发，考察船当即被蒸气和灰烬吞没了。火山喷射物散落以后，海面上再也不见船的踪影。直至过了很久，船的残骸才被找到。

世界火山概况

全世界的活火山有500多座，其中在海底的近有70座。海底活火山主要分布在大洋中脊和大洋周边区域。我国陆地上的火山已经有较多记载，如雷琼火山群、长白山火山、藏北火山及大同火山群等。在我国海域的底部，同样有火山存在。台湾自8600万年前就开始有火山活动，断断续续的火山活动在台湾岛的北端、东边和南部留下不同时期喷发的火山。

解密海洋微地震现象

微地震的一个明显特点是它常常伴随附近海洋风暴的出现而爆发。它所包含的波动频率则恰好是它所伴随的风暴激起的波浪

频率的两倍，这就是所谓的"信频现象"。此外，人们还观察到，当风暴由大陆吹向海洋时，这种微地震常能持续很久；反之，当由海洋吹向大陆时，一旦风暴登陆，它就很快减弱以至消失。

人们曾做过许多猜测，有人认为这是海浪冲击海岸的结果，也有人想用波浪起伏，施加在海底的压力发生变化来解释，但这些说法都不能解释前面说的"信频现象"。地球物理学家斯科特、海洋学家迈克和流体力学家朗吉等人在对微地震进行研究的过程中，经过复杂的计算发现，两列相同频率沿着几乎相反方向行进的波浪相撞时，的确能产生一种向水中各个方向辐射

的微弱声波。

　　它不是通常的驻波，也不随深度而衰减，而且其频率很接近波浪频率的两倍。计算结果表明，由于风暴会在广阔的洋面上掀起波涛，其中含有许多相反方向的波动成分。由所有这些成分相互作用而产生的合成声波的能量相当可观，足以引起微地震。

延　伸　阅　读

　　高尖石岛位于我国西沙群岛东部东岛的西南方14千米的东岛大环礁西缘。这个面积不足300平方米、呈4级阶梯状的小岛实为海底火山的露头。科学家在岩石鉴定中发现，在火山碎屑岩中夹有珊瑚和贝壳碎屑。

海底也有平顶山

海底平顶山简述

海底平顶山，又叫"盖奥特"，在太平洋的中部至西部，即夏威夷群岛、加罗林群岛、马绍尔群岛和斐济群岛一带的深海底，海底山的顶部异常平坦，这是为什么呢？

从平顶山的顶部打捞到呈圆形的玄武岩块，表明它们是火山的原有形状。因而，有人认为它们可能是一座海底火山，顶部是火山口，被火山灰等物质填平了，所以呈现平顶。

发现过程

　　海底山有圆顶，也有平顶。平顶山的山头好像是被什么力量削去的。以前，人们也不知道海底还有这种平顶的山。第二次世界大战期间，为了适应海战的要求，需要摸清海底的情况，便于军舰潜艇活动。美国科学家普林顿大学教授赫斯当时在"约翰逊号"任船长，接受了美国军方的命令，负责调查太平洋洋底的情况。他带领了全舰官兵，利用回声测深仪对太平洋海底进行了普遍的调查。赫斯发现了数量众多的海底山，它们或是孤立的山峰，或是山峰群，大多数成队列式排列着。这是由于裂谷缝隙中喷溢而出的火山熔岩形成的，也是人类首次发现海底平顶山。

　　这种奇特的平顶山有高有矮，大都在200米以下，有的甚至在2000米水深。凡水深小于200米的平顶山，赫斯称它们为"海滩"。

　　1946年，赫斯正式命名200米以上水深的平顶山为"盖约

　　特"。海底平顶山首先由赫斯确认。赫斯假设海底平顶山曾经为火山岛，顶部因为波浪作用而被磨平，而现在已经在深海中了。这个理论增加了板块构造论的可信性。

相关观点

　　美国一些学者指出，海底火山不一定发生过上升和下沉，而是在天气寒冷的冰川时期海平面大幅度下降，使海底火山的顶部出露海面被风浪削去。但天气能否冷到使海面下降几百米，甚至上千米，目前还没有找到可靠的证据。况且，有些平顶海山的顶部宽达40千米至55千米，说它是被风浪削平的似乎难以使人相

信。现代著名海洋地质学家孟纳德认为，太平洋中的平顶海山都位于一片原来隆起的地壳上。这些隆起上的众多海山，其顶部接近海面，被风浪削平。尔后，整个隆起下沉，便形成今日平顶海山的面貌。盖奥特的存在由于缺乏深海调查资源，已提出的说法都没有足够的说服力，因此还有待科学家做进一步的研究。

延 伸 阅 读

太平洋的中部与西部，即夏威夷群岛、加罗林群岛、马绍尔群岛和斐济群岛一带的深海底部有一座座奇异的海山，它们的顶部像被截掉一样，都是平坦的，被称为"平顶海山"。这种海山除太平洋以外，在大西洋和印度洋中也存在，或是孤耸于海底，或是成群出现。

海底的不明潜水物

相关事件记载

不明潜水物最早发现是在1902年。一艘英国货船在非洲西岸的几内亚海域发现了一个巨大的浮动怪物，外形很像一艘现在的宇宙飞船，直径10米，长70米。当船员们准备靠近它时，这一怪

物竟迅速地沉入水下销声匿迹了。

1963年，在波多黎各岛东南部的海水下，人们发现了一个不明潜水物。美国海军先后派了一艘驱逐舰和一艘潜水艇追赶此物。他们在百慕大三角区追赶了500海里，美国其他13个海军机构也看到了这个怪物。人们发现，这个怪物只有一具螺旋桨。他们前后一共追赶了4天，仍未追到。有时候，它能钻到水下8000米的深处，看来它不像是地球人制造的一种新式武器。

1973年，北大西洋公约组织在大西洋上举行联合军事演习时，有艘主力舰发现一不明潜水物。当时，这个半浮于海面的巨大物体被舰队指挥官当成是不明国籍的间谍潜艇，于是一声令

下，炮弹、鱼雷纷纷向它飞去。但不明潜水物没受到丝毫的损伤，当它悄悄地下潜海底时，整个舰队的所有无线电通讯设备都无法使用。直至10分钟后那个不明潜水物完全消失时，舰队的无线电通讯联系才恢复正常。

1973年4月，一个名叫德尔莫尼奥的船长在百慕大三角区附近一个名为斯特里姆湾的明湾海水里，看到了一个形如两头粗圆的大雪茄烟似的怪物，它长约40米至60米，行驶速度每小时60海里至70海里。它两次都是在下午16时左右，出现在比未尼岛北部和迈密之间，并且都是在风平浪静的时刻。这位船长非常害怕船与它相撞，每次都设法躲开，可是往往是它先主动地消失在船体的龙骨下。

神秘人的发现

1959年2月，在波兰的格鲁尼亚港发生了一件怪事。在这里执行任务的一些人忽然发现海边有一个人。他显得非常疲惫，在沙滩上艰难地行走着。人们立即把他送进格鲁尼亚大学的医院内。他穿着一件制服般的衣服，脸部和头发好像被火燎过。

医生把他单独安排在一个病房内进行检查。但医生无法解开此病人的衣服，因为它不是用一般的材料缝制的，而是用金属做的。衣服上没有开口处，非得用特殊工具，使大劲才能切开。体检的

结果使医生大吃一惊，此人的手指和脚趾数都与众不同。此外，他的血液循环系统和器官也极不平常。正当人们要做进一步研究时，他忽然神秘地失踪了。

关于神秘人的研究

有的科学家认为，是外来文明匿身于海底，因为那种超级潜水物体所显示的异乎寻常的能力实在是令地球人望尘莫及的。海洋是地球的命脉，因此存在于地球本土之外的某些文明力量关注于我们人类的海洋是必然的。

超级潜水物也许已经拥有它们的海底基地，至于它们的活动当然不是为了和地球人搞"捉迷藏"的游戏。海洋便于隐藏或者潜伏，这已是事实。海洋能够提供生态情报，这已经足够了。假如说未来的某个时候，发现了并不属于地球人的海底活动场所，那么也不

是什么奇怪的事。因为人们对外来文明的力量存在于地球水域中的事实早已预料到。也有研究者认为，不明潜水物的主人来自地球，不过他们生活在水下，甚至生活在地下。

延 伸 阅 读

1968年1月，美国IC石油公司的勘探队在土耳其西部270米的地下发现了深邃的穴道。在其中一处，有一个身高4米的白色巨人忽然莫名其妙地出现，如果此事确凿，那巨人便是生活在地下的高级生物了。

海底古磁性条带

居里点

19世纪末，著名物理家居里在自己的实验室里发现了磁石的一个物理特性，就是当磁石加热到一定温度时，原来的磁性就会消失。后来，人们把这个温度叫"居里点"。

在地球上，岩石在成岩过程中受到地磁场的磁化作用，获得微弱磁性，并且被磁化的岩石的磁场与地磁场是一致的。这就是

说，无论地磁场怎样改换方向，只要它的温度不高于居里点，岩石的磁性是不会改变的。根据这个道理，只要测出岩石的磁性，自然能推测出当时的地磁方向。这就是在地学研究中人们常说的化石磁性。在此基础之上，科学家利用化石磁性的原理，研究地球演化历史的地磁场变化规律，这就是古地磁说。

为了寻找大陆漂移说的新证据，科学家把古地磁学引入海洋地质领域，并取得了令人鼓舞的成绩。

磁性条带的发现

第二次世界大战之后，科学家使用高灵敏度的磁力探测仪在大西洋洋中脊上的海面进行古地磁调查。之后，人们又使用磁力仪等仪器，以密集测线方式对太平洋进行古地磁测量。

两次调查的资料使人们惊奇地发现，在大洋底部存在着等磁力线条带，而且呈南北向平行于大洋中脊中轴线的两侧，磁性正负相间。每条磁力线条带长约数百千米，宽度在数十千米至上百千米之间不等。海底磁性条带的发现成为20世纪地学研究的一大奇迹。

相关研究发现

1963年，英国剑桥大学的一位年轻学者瓦因和他的老师马修斯提出，如果"海底扩张"曾经发生过，那么大洋中脊上涌的熔岩凝固后应当保留当时地球磁场的磁化方向。

也就是说，在洋脊两侧的海底，应该有磁化情况相同的磁性条带存在。当地球磁场发生反转时，磁性条带的极性也应该发生反转，磁性条带的宽度可以作为两次反转时间的度量标准。

这个大胆的假说很快就被证实了，人们在太平洋、大西洋、印度洋都找到了同样对称的磁性条带。不仅如此，科学家还计算

出在7600万年中，地球曾发生过171次反转现象。

研究还发现，地球磁场两次反转之间的时间，最长周期约为300万年，最短的周期约为50000年，两次反转的平均周期为42万年至48万年。目前，地球的磁场方向保留70万年了。所以，人们预感到一个新的磁场变化可能正在向我们靠近。

延 伸 阅 读

对于海底磁性条带的研究仍在继续之中，许多问题仍找不到令人满意的答案。例如，对于"地球磁场为什么要来回反转"这个最基本的问题，人们就无法解释清楚。

水下大教堂考证

隧道的发现

1991年9月1日，法国南部海岸卡西斯小海湾有3名业余潜水员在此潜水时不幸遇难。

为寻找这些失踪者，当地潜水学校校长科斯凯绕过重重礁石，终于在水下37米处的一条岩石隧道内发现了死者的尸体。

其实，在1985年科斯凯在潜水时就发现过这条隧道，但他没有意识到这条隧道的重要性。

水下大教堂的发现

后来，科斯凯将此秘密透露给了考古学家库坦，这引起了库坦的浓厚兴趣。

他当即决定与科斯凯一起冒险再次潜入水下，探索这一水下隧道的秘密。他们俩先小心翼翼地游过一条管道。

然后，他们又穿过隧道，接着挤进一个窄洞，最后才进入一个4米高的石屋。

在这个石屋里，借助自带灯的灯光，他们看到了一个童话般的奇幻世界：石屋四壁有石器时代的雕刻，有同时期人们所绘的各种马。这些马有的仅能看到露出水面的头部和背部，而浸在水

中的则已被毁坏。

科斯凯和库坦不满足于这些发现，又摸索着从石屋游入另一岩洞。岩洞高约30米，直径为50米至60米，呈拱形。借助灯光，科斯凯发现洞内天花板上饰有色彩斑斓的钟乳石。洞内四壁所绘动物千姿百态、栩栩如生。科斯凯把这个水下岩洞称为"水下大教堂"。

相关考证

据初步考证，岩洞内的这些画是远古时代艺术家以动物脂肪和矿物色为原料，用动物毛制作的画笔绘在岩石上的。其中有鹿、马、鸟，也有北山羊和欧洲野牛等。

库坦推测，远古时代画家们在此岩洞内绘画时，岩洞位于海拔80米处。在以后的岁月中，地中海海水不断上涨，终于堵塞了通往此洞的入口。

因此这个岩洞一直没有被人发现，洞内之物至今保存得完好无损。科斯凯和库坦潜入岩洞内部后，从岩洞中带回一些绘画的颜色样品。

目前，研究人员在里昂根据他们所收集到的两克颜色微粒，用先进的仪器确定出这些绘画的年代。

延伸阅读

科斯凯洞窟位于法国南部悬崖壁立的索米欧湾，洞窟进口处在水下36米处，另有一半露出水面。这高出水面的部分直径约50米，高出水面3米至4米。洞穴犹如遍布石笋和钟乳石的"地下大礼堂"。

海底河谷的模样

在许多浅海海底可以发现有蜿蜒曲折的水下河谷，有趣的是它们可以同陆地河谷相对应。

北美的哈德逊水下河谷就很明显，它沿东南方向伸到大西洋底，顶端是浅平的半圆形，向"下游"逐渐变深。

在东南亚，苏门答腊与加里曼丹之间的大陆架上有着树枝状

的水下河谷系统，一条向北流，一条向南流，两条水下河谷的海底"分水岭"，就是两片微微上凸的海底高地。这两条水下河谷底部都是慢慢地向下游倾斜的，它们的横剖面与平面外形同陆地上的河谷简直一模一样。

在地图上，易北河、莱茵河都是分开单独入海的，如果把它们的水下河谷连接起来，那么它们入海后通过各自海底的河谷，向北延伸，最后会汇合一起注入北海。

从法国、英国注入大西洋的河流不少是同海底水下河谷相连接的，甚至英吉利海峡本身就是一条通向大西洋的海底谷地。

如果把大陆架海域的水全部抽光，使大陆架完全成为陆地，那么大陆架的面貌与大陆基本上是一样的。

多年来，科学家利用海洋探测技术对海底和陆地不断地进行探测研究，发现了海底河谷与陆地河谷相似的秘密。原来这同大陆架的形成有密切的关系。

大陆架在很久以前曾经是陆地的一部分，只是由于地壳运动，使陆地下沉，海平面上升，陆地边缘的这一部分，在一个时期里沉溺在海面以下，成为浅海的环境。

另外，海浪长期对海岸冲刷、侵蚀，产生海蚀平台，淹没在水下，形成大陆架。

在大陆架上有流入大海的江河冲积形成的三角洲。在大陆架海域中，到处都能发现陆地的痕迹。

泥炭层是大陆架上曾经有茂盛植物的一个印证。泥炭层中含有泥沙，含有尚未完全腐烂的植物枝叶，有机物质含量极高；反

之，有机物含量就低。

在大陆架上还能经常发现贝壳层，许多贝壳被压碎后堆积在一起，形成厚度不均的沉积层。大陆架上的沉积物都是由陆地上的江河带来的泥沙，而海洋的成分却很少。

延 伸 阅 读

海底扇形谷：这种海底峡谷谷口向外扩展，由大量的沉积物质构成，沉积呈扇面形，在许多情况下，这是海底峡谷谷底的延伸。扇形谷的另一特征是谷壁两侧陡峻，一般高度在200米左右。

恐怖的海上水墙

　　水墙是海啸时产生的巨浪，海啸是由风暴或海底地震造成的海面恶浪，并伴随巨响的现象，是一种具有强大破坏力的海浪。

　　1896年6月15日的傍晚，微风习习，天气晴好。在日本本州岛三陆的沿海村镇，人们正聚集在广场上载歌载舞地欢庆当地的

一个喜庆节日。

突然，大地发出"隆隆"的响声，剧烈地颤动起来，仿佛有一列装甲车从他们身旁经过。人们知道，这是远处什么地方发生了地震，并波及此处。但由于震动不太强烈，没有引起人们的注意，大家照旧唱歌跳舞。

不料20分钟后，奇怪的现象发生了。只见海水迅速退下去，许多从未露过面的海底礁石露了出来。紧接着，海里"轰轰"地响了起来，由远及近，好似千军万马奔腾而至。

海面上突然出现一道有30米高的水墙，呼啸着朝岸上的人们冲来。人们一个个目瞪口呆，面面相觑，不知所措。

"快跑啊，水墙压上来啦！"不知谁大喊一声，人们这才如梦初醒，惊慌地掉转头拼命奔跑起来。

　　可是，人的两条腿怎能跑得过这道水墙？顷刻，高高的水墙就以泰山压顶之势压了过来，很快就吞噬了岸上的一切。

　　次日，出海的渔民们返航回村，一路上看到海面上漂浮着尸体、家具和衣物。他们心里犯嘀咕，预感到事情不好。后来，果然有人认出了自己的亲人，不禁放声大哭。

　　这是智利地震引起的海啸涌浪。它以时速800千米横渡太平洋，来到这些地方。

　　1883年，爪哇附近的火山喷发，激起的海浪高达30多米，有30000多人被波涛卷到海里。

　　据日本秋田大学副教授松富英夫调查，印度洋大海啸在泰国沿岸把一艘50吨重的船从海边推到岸上1200米远的地方。从有关数据来看，海啸达到两米，木制房屋会瞬间遭到破坏。海啸达到

20米以上，钢筋水泥建筑物也难以招架。

由此可见，海上水墙是多么可怕啊！我们要提前预报海啸的发生，以使海啸带来的伤害降到最低。

延 伸 阅 读

1960年5月22日下午18时许，智利爆发了强烈地震，波及15万平方千米的地区，一些岛屿和城市消失了。地震又引起海啸，智利沿岸500多千米范围内，涌浪高10米，最高达25米，使南部320千米长的海岸沉浸于汪洋之中。

骷髅海岸的秘密

在纳米布沙漠和大西洋冷水域之间，有一片白色的沙漠。葡萄牙海员把纳米比亚这条绵延的海岸线称为"地狱海岸"，现在叫作"骷髅海岸"。

骷髅海岸是世界上为数不多的最为干旱的沙漠之一。当地人将其称之为"土地之神龙颜大怒"的结果。骷髅海岸一年到头都难得下雨。

1933年，瑞士飞行员诺尔从开普敦飞往伦敦，因飞机失事，坠落在这个海岸附近。有一位记者指出诺尔的骸骨终有一天会在骷髅海岸找到，骷髅海岸因此得名。

诺尔的遗体一直没有发现，但却给这个海岸留下了名字。从空中俯瞰，骷髅海岸是一大片褶痕斑驳的金色沙丘，是从大西洋向东北延伸到内陆的砂砾平原。

在这里，只有羚羊、沙漠象和极其勇敢的旅游者才能踏入这一禁区。

骷髅海岸沿岸充满危险，有交错的水流、8级大风、令人毛骨悚然的海雾和深海里参差不齐的暗礁，来往船只经常失事。有许多失事船只的幸存者跌跌撞撞爬上了岸，最后被风沙折磨致死。

　　1943年，有人在骷髅海岸沙滩上发现了12具无头骸骨横卧在一起，附近还有一具儿童骸骨。不远处有一块风雨剥蚀的石板，上面有一段话："我正向北走，前往97千米外的一条河边。如有人看到这段话，照我说的方向走，神会帮助他。"这段话写于1860年。

　　时至今日，过去在捕鲸中因失事而破裂的船只残骸，依然杂乱无章地散落在世界上这片最危险荒凉的海岸上。

　　让人意想不到的是，动物却能够在这里繁衍生息。大象把牙齿深深插入沙中寻找水源，大羚羊则用蹄踩踏满是尘土的地面，以便发现水的踪迹。盘绕的蝮蛇，用嘴吸鳞片上的湿气。在冰凉的水域里，居住着沙丁鱼和鲻鱼，这些鱼引来了一群群海鸟和数以千万计的海豹。

　　在这片荒凉的骷髅海岸外的岛屿和海湾上，繁衍生存着躲避太阳的蟋蟀、甲虫和壁虎。长足甲虫使劲伸展高跷似的四肢，尽量撑高身躯，离开灼热的地面，享受相对凉爽的沙漠微风的吹

拂。南非海狗是这片海岸的主人，它们大部分时间生活在海上，但到了春季，它们要回到这里生儿育女，漫长的海岸线就是它们爱的温床。到了陆地上，海狗的动作可不像在海里那样敏捷、优美。它们把鳍状肢当作腿来使用，那笨拙而可爱的模样让人忍俊不禁。

延 伸 阅 读

据考古学家考证，陆地上的所有生命都来自海洋，并逐渐演化而成的。而随着陆地环境和物种变化，有些生物又回到了海洋的怀抱。比如海蛇，它们虽然生活在海洋里，但仍然依靠肺呼吸，所以，它们不得不每隔15分钟就要到海面上呼吸一次。

海上的鬼门关

在非洲的最南端阿扎尼亚的境内，有一个名叫好望角的岬角。

然而，好望角并不是如同它的名字那样好。它是一个风暴之角，每年365天，至少有100多天风急浪高。最平静的日子里，海浪也有2米高，有时甚至高达15米。

这种海浪的前部犹如悬崖峭壁，后部则像缓缓的山坡，在冬季频繁出现，还不时加上极地风引起的旋转浪。当这两种海浪叠加在一起时，海况就更加恶劣，而且这里还有一股很强的沿岸

流，当浪与流相遇时，整个海面如同开锅似的翻滚，航行到这里的船舶往往遭难。好望角因此成为世界上最危险的航海地段，附近经常发生海难事故，被称作是航海之人的"鬼门关"。

长期在这段海域航行的一位海员对那里有惊心动魄、扣人心弦的描述："乌云密布，连绵不断，很少见到蓝天和星月，终日西风劲吹，一个个涡旋状云系向东飞驰，海面上奔腾咆哮的巨浪不时与船舷碰撞，发出的阵阵吼声，震撼着每个海员的心灵。"可想而知，这个航海地段是多么可怕、多么恐怖！

好望角频繁海难事故的发生，致使许多科学家来到好望角，调查研究这里风急浪高的原因。经过一段时间的工作，科学家认

为有两种原因：

好望角附近海域风浪大，主要是地球自转对气流的方向起了重要作用，使得该区域长年吹起西风。当刮起11级以上的大风时，就会激起巨浪，经过的船只就处在危险之中了。使西风变得强烈的另一个原因是，中纬度的温差大。向极地或向赤道航行一天，就会感到冷暖差异，这是由于低纬度的能量在向两极输送中，部分能量要消耗掉，同时极地冷空气不断向南侵袭，在这两股气流的夹击下，中纬度地带就成了温差较大的地区，冷暖气流不断交汇运动，极易导致风暴频发。

美国一位科学家认为，每次发生事故时，海浪总是从西南扑

向东北，而遇难船只行驶方向是从东北向西南。也就是说，船行的方向正好和海浪袭来的方向相反，船是顶浪行驶的。

科学家还发现，海底的海流推动船只顶着海浪前进，再加上几股力量的共同作用，就会造成船毁人亡。

延 伸 阅 读

我国广东省湛江市，有一个神秘莫测的南海边上的"百慕大"，那就是外罗门水道，在这里发生过大小海事400多起。外罗门水道水流湍急，并且多暗礁，稍不小心就会船破人亡，因而被当地人称为"鬼门关"。

恐怖的百慕大三角

　　在大西洋百慕大群岛附近，有一个像魔鬼一样的三角海域。它北起百慕大，延伸到佛罗里达州南部的迈阿密，然后通过巴哈马群岛，穿过波多黎各，到西经40度线附近的圣胡安，再折回百慕大，形成了一个百慕大三角区域，或称百慕大三角洲。

　　这片海域有世界著名的墨西哥暖流，并以每昼夜120千米至190千米的流速通过，而且这里多旋涡、台风和龙卷风。

　　不仅如此，这里的海深达4000米至5000米，有波多黎各海

沟，深7000米以上，最深处达9218米。

1945年12月5日，美国的5架轰炸机在这里神秘地失踪了。1502年，哥伦布第四次度过美洲时，曾途经百慕大三角，当时船上所有导航仪器全部失灵，磁罗盘上的指针也偏离6度。船失控了，任随风浪推打。

1840年8月，一艘法国帆船"洛查理"号正在百慕大海面航行。这艘船扯着帆，而且风帆饱满，说明它在平静地航行着。

令人迷惑的是，它好像在没有目标似地随风漂浮。人们感到奇怪，便划船靠上去。

上船后才发现，船上空无一人，但货舱里的货物还在，水果仍很新鲜，也没人碰过。船上唯一健在的生物，就是一只饿得半

死的金丝鸟。

1963年，美国籍油轮"玛林·凯思"号穿过这片海域，航行的第2天，油轮以及船员竟然从这片海域上失踪了。

历史上这种怪事还在不断上演，并且这些大船完好无损，里面的货物、生活用品一应俱全，没有任何搏斗的痕迹，人们把这一海域称为"魔鬼三角"。

至20世纪70年代，科学家利用先进技术，在这里进行了大规模科学调查，发现这里有许多半径在200千米至400千米的巨大旋涡。这些旋涡像魔鬼一样时隐时现，旋转着向前推进。

科学家经过计算，发现这些巨大的旋涡有的在顺时针旋转时，中心会突然高出水面几百米，把正在这里行驶的船只无情地吞没。当有的旋涡逆时针旋转时，中心又会低于海面，形成一个

直径在1000千米左右的巨大凹面镜，阳光照在它上面，在高空形成的焦点温度高达几万摄氏度，飞机一旦碰到焦点上，立刻化为灰烬。

延 伸 阅 读

　　亚洲"百慕大"日本龙三角：1980年9月8日，相当于"泰坦尼克号"两倍大的巨轮"德拜夏尔号"在这里消失得无影无踪；2002年1月，我国货船"林杰号"在这一海域消失……

多姿多彩的海岸线

水乡泽国的河海口岸

我国的大河多是从西向东流入大海，在入海处泥沙堆积成三角洲平原。有一些河口是喇叭形的海湾，称三角港。这种三角港是河水与海水长期交锋的结果。

天长日久，三角港扩大成为三角洲。这里地处海滨，地势宽阔平坦，湖泊众多，河渠纵横，土地肥沃。像长江三角洲和珠江

三角洲，都是被称为鱼米之乡的富饶的农业区。我国较大的沿海三角洲有长江三角洲、黄河三角洲和珠江三角洲。

雄伟壮丽的港湾海岸

在大连海滨，岩壁峻峭，礁石在海中兀立，海水咆哮着涌向海礁，卷起一阵阵白沫飞溅的浪花，这就是港湾海岸。由于波浪成年累月永不停歇地冲刷，海岸的轮廓逐渐改变着，伸向大海的山冈成了海岬，海岬突出的部分为岬角，海岬被冲裂切断而向后退，便形成断崖陡壁和岸石滩地。

岬角遭破坏后形成的大量岩屑和泥沙又被海浪沿岸推移，有的成了陆连岸。这类港湾海岸广泛分布在我国辽东半岛、山东半岛以及杭州湾以南的浙、闽、粤、桂沿海。它为人们建造优良的海港、海水养殖场和海滨浴场创造了条件。

粉砂淤泥质的平原海岸

在渤海沿岸，华北平原直接与大海相连，那里海岸线平直，地势低洼，海中水浅底平，距岸边几十千米的大海水深仍只有三五米；海水黄浑，风平浪静，在平坦的泥质海底上栖息着肥美的鱼虾大蟹，这就是粉砂淤泥质平原海岸。

我国有长达2000多千米的平原海岸，主要是渤海西岸及黄海西岸的江苏沿海。此外，辽河平原的外围以及闽、浙、粤的一些河口与海湾顶部也有小面积分布。平原海岸主要是由潮流与泥沙的矛盾作用形成的。由于几经海陆变迁，使海滨平原蕴藏了丰富的油田，如今渤海海湾已成为我国主要海上产油区。

灌木丛生的红树林海岸

红树的生长要求终年无霜、温暖而潮湿的气候，它耐盐耐碱，适合在热带、亚热带风浪比较小的淤泥海滩上密集生长，形成奇特的海滨森林。我国的红树林海岸大致从福建的福鼎开始，经台湾、阳江、电白、海南岛到钦州湾。红树林是一道天然防护林带，其自身有很大的经济价值，是沿海人民的一大财富。

风沙飞扬的沙丘海岸

我国沙丘海岸不长，但分布相当广泛。如冀东沿海的秦皇岛与北戴河之间，洋河口与滦河口之间，山东半岛蓬莱、威海一带，广东的电白、湛江和海南岛一些地方。

风光旖旎的珊瑚礁海岸

我国的珊瑚礁海岸大致从台湾海峡南部开始，一直分布到南海，其形态分为岸礁、堡礁和环礁三种。珊瑚礁海岸就是由珊瑚的骨骼积聚而成的礁石海岸。

世界上唯一没有海岸线的海

世界上唯一没有海岸线的海——马尾藻海，大体位于百慕大群岛以南、北回归线以北，由墨西哥湾暖流、北赤道暖流和加那利寒流围绕而成。马尾藻海远离江河河口，海面平静，浮游生物少。因此，马尾藻海水清澈湛蓝，是世界上透明度最大的海。马尾藻海水温、含盐度都很高，海流、风向均以顺时针方向运动，加上海藻丛生，对船只航行极为不利，向来被视为危险海区。

世界上的海大多是大洋的边缘部分，都与大陆或其他陆地相连。然而，北大西洋中部的马尾藻海却是一个"洋中之海"。它的西边与北美大陆隔着宽阔的海域，其他三面都是广阔的洋面，所以它是世界上唯一没有海岸线的海。

马尾藻海的海面上布满了绿色的无根水草马尾藻，仿佛是一派草原风光。在海风和海流的带动下，漂浮着的马尾藻犹如一条

巨大的橄榄色地毯，一直向远处伸展。除此之外，这里还是一个终年无风区。在蒸汽机发明以前，船只只得凭风而行。那个时候，如果有船只贸然闯入这片海区，就会因缺乏航行动力而被活活困死。所以，自古以来马尾藻海被看作是一个可怕的"魔海"。1492年8月3日早晨，航海家哥伦布率领的一支船队就在那里被马尾藻包围了。他们在马尾藻海上航行了整整三个星期才摆脱了危险。

延 伸 阅 读

　　马尾藻是一种海洋生物，是海藻的一种。藻体分为固着器、主干和"叶"三部分。固着器为盘状或假根状等；主干圆柱状，向四边分枝；藻叶扁平，单生，圆形，倒卵形或长圆形，多数具有毛窝、气囊。

"冰岛"上的火山由来

你听说过有一个叫"冰岛"的国家吗？听到这个名字，也许你会浮想联翩，冰岛是不是岛上全是冰才称为"冰岛"呢？

冰岛靠近北极圈，它以"冰"为名，听起来是个很冷的地方，其实，也不全是这样的。

冰岛大部分地区是高原和山脉，内陆还有冰川覆盖着，确实较冷，人烟稀少。全岛1/8的面积被冰川覆盖着，其中代特纳冰原

面积约为500平方千米，最厚的地方有1000米。

冰岛的主要城市大多分布在沿海地带，由于受海洋性气候的影响，夏天凉爽，冬天比同纬度的其他地区温暖。另外，由于有一股名叫"伊尔明格"的暖流环绕全岛流过，来自海洋的风把暖湿的空气带到岛上，经常同岛上的冷空气交锋。因此，它风云多变，夏凉冬暖，雨水充沛。无论什么季节，都有可能下雨和下雪。

冰岛有"火山岛""雾岛""冰封的土地""冰与火之岛"之称。其火山以"极圈火岛"而著称，共有火山200座至300座，有40座至50座活火山。1963年至1967年在西南岸的火山活动中形成了一个约2.1平方千米的小岛。

冰岛由于火山活动频繁，地下没有完全冷凝的熔岩把地下水

烤得很热，然后热水沿地层的裂缝涌出来，就形成了很多温泉。

冰岛温泉的数量是全世界之冠，全岛约有250个碱性温泉，最大的温泉每秒可产生200升的泉水。

可想而知，冰岛不仅是一个冰冷的世界，同时也是一个火热的世界，那么"冰与火之岛"的美名也就不为过了。

现在我们对冰岛有了初步的了解，可是你是否知道，冰岛为什么要起一个与"冰"有关的名字呢？

在4世纪，希腊地理学家皮菲依曾称它为"雾岛"，但由于海岛远离大陆，交通不便，很少有人光临。

864年，斯堪的纳维亚航海家弗洛克踏上岛岸，此岛才真正被

发现。后来，斯堪的纳维亚人、爱尔兰人、苏格兰人纷至沓来。当这些移民的船驶近南部海岸时，首先见到的是一座巨大的冰川，即冰岛著名的代特纳冰川。人们对这个冰川留下了极深的印象，于是把该岛命名为"冰岛"。

延 伸 阅 读

冰岛属寒温带海洋性气候，变化无常。因受墨西哥湾暖流的影响，较同纬度的其他地方温和。夏季日照长，冬季日照极短。秋季和冬初可见极光。每年1月至3月是进行溜冰、雪地机车以及越野狩猎等刺激活动的最佳时间。

世界上的神秘岛屿

在海岛上，高大的椰林，软软的沙滩，呼啸的海风，这些为人们的观光创造了有利条件。但是，有的时候也会出现一些古怪的现象，并且会披上神秘的色彩，让你惊讶不已！

世界上有许多地方都曾出现过神秘岛，那么它们都是些什么样的岛呢？

"死神岛"对大家来说并不是一个陌生的名字，它就是位于加拿大东岸的世百尔岛，是一个不毛孤岛。岛上没有任何动物和

植物，只有坚硬无比的青石头。

据说每当船只驶近小岛附近，船上的指南针便会突然失灵，整艘船就像着了魔似的被小岛吸引过去，使船只触礁沉没，好像有死神在操纵，因此得了个绰号"死神岛"。

在太平洋中，有一个方圆不过几千米的荒漠小岛，人们称它为"哭岛"。无论白天黑夜，这个小岛都会发出"呜呜"的声音，有时像众人号啕，有时像鸟兽悲鸣，给过往船只蒙上了一种奇怪、恐慌、悲伤的气氛，并且让人产生恐惧感。

你也许玩过陀螺，当你用鞭子不停地往一个方向抽打时，它就会高速转动起来。然而，海洋中竟出现了一个自身转动的岛，世间真是无奇不有啊！

　　加拿大东南的大西洋中有个叫"塞布尔"的岛，它是一个会"旅行"的岛。每当洋面刮大风时，它会像帆船一样被吹离原地，做一段海上"旅行"。由于海风日夜吹送，近200年来，小岛已经向东"旅行"了20千米。

　　南极海域的布维岛则更加神奇：在不受风浪的影响下也会自动行走。1793年，法国探险家布维第一个发现此岛，并测定了准确位置。但100年后一支挪威考察队登上该岛时，发现这个海岛的位置西移了2500米。

　　在南太平洋汤加王国西部的海域中，由于海底火山爆发而突然冒出一个小岛来，随着火山的不断喷发，逐渐形成一座高60多米、方圆近5000米的岛屿。

　　然而，它像幽灵一样消失在洋面上。过了几年，它又像幽灵一样从海中露了出来。这个岛多次出现，多次消失，变幻无常。由于小岛像幽灵一样在海上时隐时现，所以人们把它称为"幽灵岛"。

在浩瀚的太平洋有一个非常奇异的小岛。有时小岛自行分离成两个小岛，有时又会自动合成一个小岛。分开和合拢的时间没有规律，少则1至2天，多则3至4天。分开时，两部分相距4米左右，合并时又成为一个整体。人们称之为"能分能合的岛"。

延 伸 阅 读

塞布尔岛还是世界上最危险的"沉船之岛"，在这里沉没的海船先后达500多艘，丧生的人达5000多名。因此，这一带海域被人们称为"大西洋墓地""毁船的屠刀""魔影的鬼岛"等。

可怕的火炬岛

在加拿大北部地区的帕尔斯奇湖北边有一个面积仅1平方千米的圆形小岛，当地人称这一小巧玲珑的岛屿为"普罗米修斯的火炬"，简称"火炬岛"。

17世纪50年代，有几位荷兰人来到帕尔斯奇湖，当地人叮嘱他们：千万不要去火炬岛，人要是上去就会自燃！有位叫马斯连斯的荷兰人觉得当地居民是在吓唬他们。他认为，帕尔斯奇湖在北极圈内，即使想在岛上点上一堆火，也要费些周折，更别说人

自燃了。

马斯连斯固执地邀了几个同伴向火炬岛进发，希望找到宝物。可是，他们一行来到小岛边时，当地人的忠告让马斯连斯的几个同伴胆怯起来，都不敢再前进半步。只有马斯连斯一人继续奋力向前划去。

同伴们看着马斯连斯的木筏慢慢接近小岛，心里都很担心，

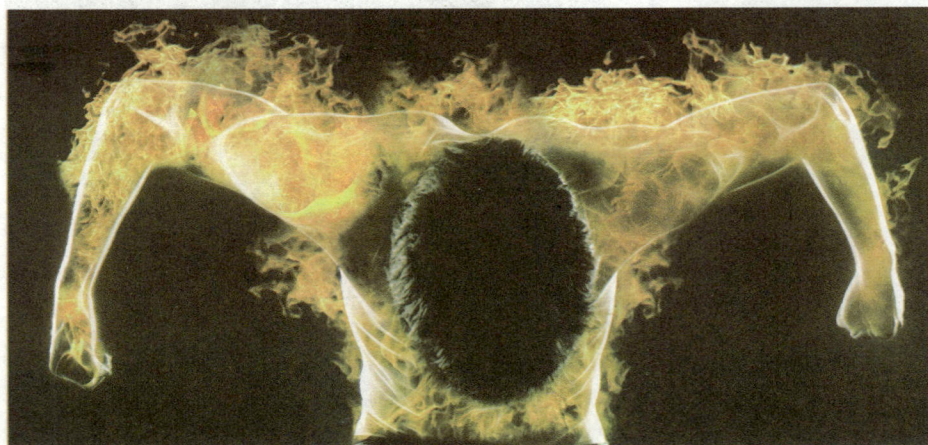

默默为他祷告着。时隔不久，他们突然看到一个火人从岛上飞奔过来，一下子跃进湖里。只见水中的马斯连斯还在继续燃烧。

1974年，加拿大普森量理工大学的伊尔福德组织了一个考察组，在火炬岛附近进行调查。通过细致的分析，伊尔福德认为，火炬岛上的人体自燃是一种电学或光学现象。

这一观点遭到考察组的另一位专家——哈皮瓦利教授的反对：既然如此，小岛上为什么会生长着青葱的树木？并且，在探测中还发现有飞禽走兽。

哈皮瓦利认为，可能是岛上存在某种易燃物质，当人进入该地段后便会着火燃烧。

正因为他们都认为这种自燃现象是由某种外部因素引起的，

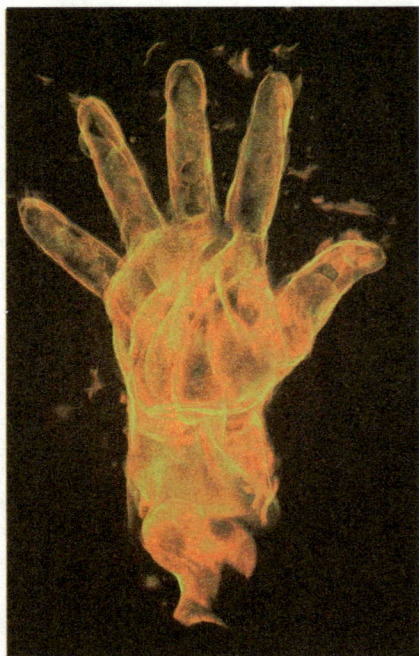

所以他们就都穿上了用特别的绝缘耐高温材料做成的服装来到了火炬岛上。在岛上他们并没有发现什么怪异的地方。然而，就在考察即将结束时，考察组成员莱克夫人突然说她心里发热，一会儿又说腹部发烧。听她这么一说，全组人都有几分惊慌。伊尔福德立即叫大家迅速从原路撤回。

队伍刚刚往后撤，走在最前面的莱克夫人忽然惊叫起来。人们循声望去，只见阵阵烟雾从莱克夫人的口、鼻中、手上喷出来，接着闻到一股烧焦的肉味。

待焚烧结束后，那套耐火服装居然完好无损，而莱克夫人的躯体已化为焦炭。此后，美丽的小岛更披上了一层恐惧的面纱，让好奇的人们望而却步。

延 伸 阅 读

传说，火炬岛是由于普罗米修斯把没用的火炬扔进了北冰洋，有火焰的一端露在水面燃烧，天长日久而形成的一个小岛。在这里有一种神奇的力量，就是人一旦踏上小岛就会如烈焰般地自焚起来。

可爱的北极熊

"北极圈之王"

北极熊属于食肉目熊科，多居住在北极海岸、欧洲冰海和北美北部。

北极熊是熊科动物中体积最大的，体长可达2.5米，高1.6米，重500千克。

　　北极熊不仅善于在冰冷的海水中游泳，还擅长在冰面上快速跳跃。为了抵御寒冷，它的耳和尾都很小，全身除脚掌和鼻尖以外都覆盖着厚厚的白毛，而它的皮却是黑色的。

　　北极熊的嗅觉特别敏感，能在几公里以外凭嗅觉准确判断猎物的位置。在"闻出"气味熟悉的猎物的方位后，便能以相当快的速度从冰上跳跃着奔去猎物，跳跃的距离可达5米以上。

　　北极熊还有粗壮而灵便的四肢，尤其是它的前掌，力量巨大，一掌能使人致命。用前掌击倒或打死猎物，是它的惯用手段。掌上长有十分锐利的爪子，能紧紧地抓住食物。它以海豹、鱼、鸟和鲸的尸体为食。作为"北极圈之王"，除了人类，北极熊几乎没有天敌。

北极熊的生活特点

　　北极熊又叫白熊，个体很大，体重可达半吨，最大的北极熊体重可达900千克。

北极熊经常栖息在冰盖上，过着水陆两栖的生活，它通常以海豹、鱼类、鸟类和其他小哺乳动物为食，假设够幸运碰到鲸鱼的尸体，则可以美美地饱餐一顿。

漫长寒冷的冬天，北极熊一般只能在自己的巢穴里度过。每年的春季二三月份才出来活动，3月至5月是北极熊活动最频繁的季节。温暖的夏天到来时，北极熊就会出穴四处寻找猎物。

雌熊和雄熊交配完成后，便会各奔东西。雌熊产仔一般是可爱的双胞胎，偶尔会是1只或3只。刚出生时小北极熊形似小耗子。小熊出生后两年内学会各种捕猎技巧便会离开家独立生活。

长大后的子熊与它的父辈一样，单独行动，一般不与同类作伴，以便独自享用猎物。所以，人们一般只能看到单只北极熊，或一个母熊伴着一只或两只小熊在冰上活动。

如果说企鹅是南极的象征，那么北极的代表自然就是北极熊了。北极熊是北极地区最大的食肉动物，因此自然成了北极的"主宰者"。

如果从生态平衡的角度去考虑，人们或许会提出这样的问题：既然狼群的捕获目标是驯鹿和麝牛等北极最大的食草动物，那么还要北极熊干什么呢？

是的，如果仅从陆地上来看，北极熊的存在就显得没有必要了，如果这种庞然大物生活在草原上，不仅会对本来就为数不多的驯鹿和麝牛等的生存造成巨大威胁，而且也会与狼群争食，使狼群陷入饥饿的境地。

然而，我们不得不佩服造物主的神奇和伟大，它让北极熊生活的中心地区是在冰盖上，因为那里有大量海象和海豹在繁衍生息，除了为数极少的嗜杀鲸之外，基本没有什么天敌，它们那硕大肥胖的躯体又必须要有一种强大而贪食的动物去消耗，北极熊终于找到了自己真正的天堂。于是，北极熊便在这个茫茫无边的冰雪世界里确定了自己无可争议的"统治地位"，成了这个白色帝国的"主宰者"，不必再跑到陆地上去与可怜的狼群争食了。

尽管如此，但北极熊仍然是一种陆生的动物。

北极熊全身披着厚厚的白毛，甚至耳朵和脚掌亦是如此，仅鼻头有一点儿黑。而且其毛的结构极其复杂，里面中空，起着极好的保温、隔热作用。因此，北极熊具有在浮冰上自由行走的本领，完全不必担心北极的严寒。

北极熊的体形呈流线型，善游泳，熊掌就像一对强有力的双桨，因此在北冰洋那冰冷的海水里，它可以用两条前腿奋力前划，后腿并在一起，掌握着前进的方向，起着舵的作用，一口气可以畅游四五十千米，也算得上游泳健将了。其熊瓜宛如铁钩，熊牙非常锋利，它的前掌一扑，可以使人的头颅粉碎，身首分家，可谓力大无穷。

北极熊非常善于奔跑，风驰电掣，时速可达60千米，可惜的是没有耐力，只能进行短距离冲刺。所以在宽阔的陆地上，假若人和熊进行长跑比赛的话，北极熊必败无疑。

北极熊的狩猎

在奔跑方面或许北极熊的耐力不足，但是，你看它等待海豹时，那耐力真的是无人可及。

北极熊为食肉动物，主食海豹，其中主要是环海豹，因这种海豹在北极非常常见，甚至北极点都是其活动的场所。每当春天和初夏，成群结队的海豹便躺在冰上晒太阳，北极熊则会仔细地观察猎物，然后巧妙地利用地理形势非常谨慎地向海豹靠近，当行至有效捕程之内，则犹如离弦之箭，猛冲过去，等到海豹发现的时候已经为时已晚了，巨大的熊掌以迅雷不及掩耳之势拍将下来，海豹顿时脑浆涂地。

　　科学家发现，在冬季，北极熊有时候会非常有耐心地连续几小时在冰盖的呼吸孔旁等候海豹，全神贯注，一动不动，犹如雪堆一般，并会用熊掌将鼻子遮住，以免自己的气味和呼吸声将海豹吓跑。当千呼万唤的海豹稍一露头，"恭候"多时的北极熊便会以极快的速度朝着海豹的头部猛击一掌，可怜的海豹还不知道是怎么回事，便脑浆四溅，命丧黄泉了。这时北极熊立即将海豹狠狠地咬住，以防海豹下沉，然后用力将其从水中拖出。由于冰孔太小，往往会把海豹的肋骨和骨盆挤碎，北极熊力气之大，由此也可略见一斑。

对于那些躺在浮冰上悠游自在的海豹，北极熊也有一套对付的方法。它会发挥自己游泳的专长，悄无声息地从水中秘密接近目标，特别有意思的是，有时它还会推动一块浮冰做掩护。当它捕到海豹后便会美餐一顿，然后扬长而去。

北极熊还有一种特别之处，那就是当在游泳的途中遇到海豹的时候会表现得不动声色，犹如视而不见。这是因为它深知，在水中，它绝不是海豹的对手，与其拼死拼活地决斗一场，到头来还是竹篮打水一场空，还不如放海豹一马，也不消耗自己体力。

当捕食丰厚时，北极熊便会挑肥拣瘦，只吃海豹的脂肪，其余的部分都慷慨地留给它的追随者——北极狐、白鸥等。当找不到猎物时，它也会吃搁浅的鲸的腐肉、海草、谷燕、干果，甚至

居民点的垃圾。

野生北极熊寿命大约有25年～30年，圈养条件下自然会活得更长一些。

相关数据显示，现在地球上一共有两万多只北极熊，数量相对稳定。为了保护它们的生存，早在1972年美国就颁布过法律，除了生存需要，禁止捕猎北极熊。而到了1973年，北极圈内的国家，包括美国、加拿大、挪威、丹麦和前苏联，更进一步签署了保护北极熊的国际公约，公约除了限制捕杀和贸易以外，还包括一些保护其栖息地以及合作研究的条款。

但由于全球气温的升高，北极的浮冰逐渐开始融化，北极熊

昔日的家园已遭到一定程度的破坏，猎物也大大地减少。另外，即便是游泳技术再出色，它们也无法长时间地待在海里，日益扩大的海面更增加了它们溺毙的危险。北极熊的未来仍令人担忧。

延 伸 阅 读

　　绝大多数北极熊都是左撇子，这是为什么呢？除物种遗传因素，还有一些动物行为决定的原因。这跟北极熊生活的环境有关。

　　北极熊生活在有大片浮冰的北极南部边缘地带，以捕食海豹为生。北极熊有一身白色的皮毛，当它从冰面往水下看的时候，它会"聪明"地用右手捂住自己的黑鼻子，把自己隐藏在白色中，而腾出用左手捕食。

"海豆芽" 长寿之谜

名称由来

当海水退潮，在海边沙滩上经常能找到一种形似黄豆芽的小动物，它就是大名鼎鼎的活化石舌形贝。它是世界上现存生物中最长寿的一个属，至今已有4.5亿年的历史。舌形贝体形奇特，上部是椭圆形的贝体，像一颗黄豆，下部是一根可以伸缩的、半透明的肉茎，宛若一根刚长出来的豆芽，所以舌形贝又有"海豆芽"的俗称。

主要特点

海豆芽有双壳，但却不属于贝类，而被归入腕足类。它的肉茎粗大，能在海底钻孔

穴居，肉茎还能在孔穴内自由伸缩。海豆芽大多生活在温带和热带海域，一般水深不超过30米。它赖以栖身的潮间带，是一个波涌浪大、环境变化剧烈、海生物众多的世界，区区海豆芽能跻身于此，是和它们特有的生活方式分不开的。

生活方式

海豆芽一生中绝大部分时间都是在洞穴中隐居，仅靠外套膜上方的三根管子与外界接触，呼吸空气。

它们非常胆小，只在万无一失时才小心翼翼地探出头来，一有风吹草动，便十分敏捷地躲进洞中，紧闭双壳，一动不动。海豆芽在不会移动而又没有坚固外壳保护的情况下，运用这种穴居方式保护自己，无疑是它们在生存竞争中的一个成功。

科学评价

世界生物学界普遍认为，

一个物种从起源至灭绝，平均生存不到300万年；一个属从起源到灭绝，平均生存800万年至8000万年。可是海豆芽却生存了4.5亿年！在地球的沧桑巨变中，许多庞大而强悍的动物都灭绝了，而小小的海豆芽却生存至今。这种情况在生物史上是极为罕见的。是什么原因造就了生物界这位"老寿星"？除了它们独特的生活方式以外，在生理、生化方面它们有什么特殊性？至今还是一个谜。

进化规律

生物界有一个最基本的进化规律，即任何物种都是由其祖型物种从低级到高级、从简单到复杂演化而来的。而海豆芽是一个例外。它们的形体及生活方式在漫长的历史中居然没有发生什么显著的变化。因此，二三十年来，欧美一些学者提出，海豆芽显然是违反了进化原则，使这个原则成了问题，它向达尔文进化论提出了挑战。目前有一点可以肯定：海豆芽的体形与大小在4.5亿年中基本没有变化。为什么会这样？这又是一个难解的谜。大多

数动物的形体在进化过程中总是由小变大，大到一定程度后，不能适应变化了的环境，于是渐渐灭亡。

　　而海豆芽经历了4.5亿年，一直是那么小，没有变大，这是否也是它们生存至今的原因之一呢？由于海豆芽经过4.5亿年没有变大之谜未能揭开，这个问题也就无法回答了。

延　伸　阅　读

　　海洋浮游生物是海洋生命的重要组成部分。浮游生物包括浮游植物和浮游动物两大类，浮游植物大多是单细胞植物，如硅藻、绿藻等。浮游动物包括无脊椎动物的大部分门类，如腔肠动物、轮虫动物和甲壳动物等。

大马哈鱼的命运

　　大马哈鱼是鲑鱼的一种，素以肉质鲜美、营养丰富著称于世，历来被人们视为名贵鱼类。我国的黑龙江盛产大马哈鱼，是"大马哈鱼之乡"。

　　大马哈鱼身体长而侧扁，唇端突出，形似鸟喙。口大，内生尖锐的齿，是凶猛的食肉鱼类。

大马哈鱼的鱼子和幼苗只能在淡水中生存，它们一般把卵生在淡水系统的江河上游的沙砾区域。卵孵化出幼苗并生长一段时间后，顺流而下进入咸水系统的海洋之中，在物质富饶的海洋中生长发育、积蓄能量。

大马哈鱼经过4年左右的生长达到性成熟后，又会回游淡水江河中产卵。大马哈鱼主要栖息在北半球的大洋中，以鄂霍次克海、白令海等海区最多。

大马哈鱼的大半生是在海洋里生活的。它们在那里发育成熟，长到三四千克重时，就成群结队地从鄂霍茨克海和白令海出发，向西游来，最后来到我国的黑龙江、松花江一带，行程10000多千米。

万里征途充满了艰辛，它们不仅要与饥饿做斗争，而且要防御大动物的侵害。

有时，敌害把它们的队伍冲散了，它们会设法重新集结队

伍，继续向前挺进。等到达河口后，它们便不再进食，只靠体内储存的营养物质维持生活。

即便在这时，它们还得与湍急的河水、巨大的旋涡做斗争，甚至要躲避暗礁险滩。

大马哈鱼在前进中为了越过瀑布，就会用自己的尾部竭力击水，借高速游泳而向前上方斜跃出水面。

尽管一路上有如此多的艰难险阻，随时都可能丧失生命，它们却毫不退缩，每天不停息地向前游50千米。

就这样，经过几个月的长途跋涉，鱼群终于游到了目的地。于是，母鱼赶紧用鳍在河底挖洞把卵产在里面，等雄鱼射精后，立即用泥沙埋起来，防备被别的动物吃掉。

等做完这一切，雌雄大马哈鱼也精疲力竭了。但它们已完成了繁殖后代的任务，于是便无怨无悔地死去。

　　小鱼出生一个多月后，就游回父母成长的地方，也就是鄂霍茨克海和白令海。

　　等它们长大后，也像父母一样，回到自己的出生地产卵、排精、生育后代。

延　伸　阅　读

　　大马哈鱼是怎样寻找并回到自己的出生地的呢？20世纪50年代初，美国鱼类学家哈斯勒先生用棉花塞住一些大马哈鱼的鼻孔进行实地试验，结果发现嗅觉受阻碍的大马哈鱼便失去了返回原出生地的能力。这说明大马哈鱼是凭借嗅觉回到出生地的。